科创少年来了

像 数学家 一样思考

[英]露·阿伯克龙比/著　　[意]莉莉娅·米切利/绘　　赵彦/译

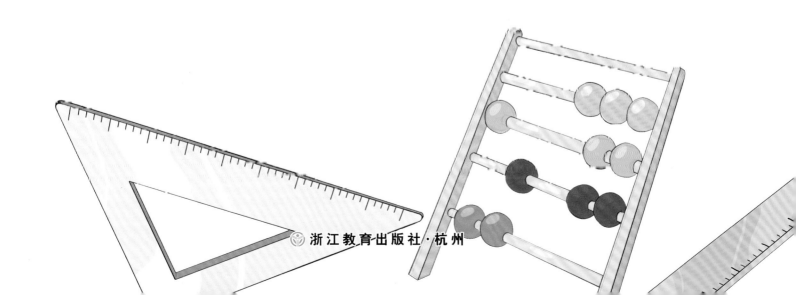

浙江教育出版社·杭州

图书在版编目(CIP)数据

像数学家一样思考 / (英) 露·阿伯克龙比著；
(意) 莉莉娅·米切利绘；赵彦译. -- 杭州：浙江教育
出版社，2024.5 (2024.10重印)
(科创少年来了)
ISBN 978-7-5722-7752-8

I. ①像… II. ①露… ②莉… ③赵… III. ①数学—
少儿读物 IV. ①O1-49

中国国家版本馆CIP数据核字(2024)第097117号

浙江省版权局著作权合同登记号：图字11—2024—092号

Everyday STEM Maths - Amazing Maths
First published 2022 by Macmillan Children's Books an imprint
of Pan Macmillan
Text and illustrations © Macmillan International Publishers Ltd

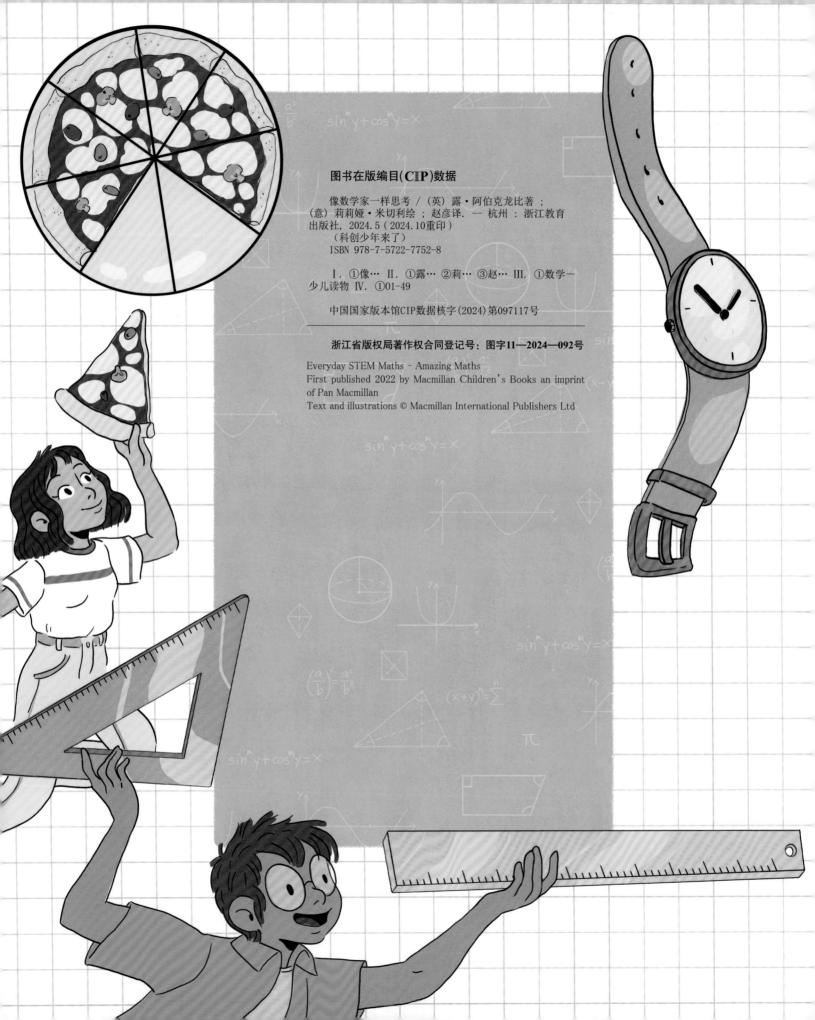

目 录

动动手吧!

什么是数学?

数学是一门关于数和形状的科学，是世界万物和人类文明的基础。几千年前，许多古文明都发展出了自己的计数系统，但直到古希腊人在好奇心的驱使下提出演绎推理方法，将数学理论从具体事物中抽象出来，数学才成为一门独立的学科。

在设计、建造我们周围的**建筑物**的过程中，工程师们需要进行测量和计算，用到的就是数学中的几何、算术和微积分等知识。

智能手机里藏着一个重要的数学概念——因数。因数在声波理论的发展中扮演了关键角色，为第一根天线的诞生铺平了道路，并最终应用到了我们今天使用的手机里。

我们身上穿的**服装**很大程度上也是数学的杰作！图案中有几何形状，设计时会用到测量，从草图到成衣的制作过程离不开算术。在成本预算、产品销售阶段，数学的应用就更加深入了。

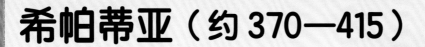

希帕蒂亚（约370—415）

希帕蒂亚出生于古埃及亚历山大城，是世界上第一位女数学家。在父亲的影响下，希帕蒂亚自幼就对数学和天文学充满了兴趣。长大后，她的学识和才华甚至超越了同为数学家的父亲，这让她跻身受人尊敬的学者之列。在亚历山大城教授数学、天文学和哲学期间，她对各个学科的精辟见解吸引着世界各地的青年慕名而来。她的科学精神至今鼓舞着更多的女性投入科研事业。

驾驶或乘坐**汽车**时，你是否想过其性能、舒适性和安全性要通过数以千计的算式、方程和公式来保障？汽车车身设计里有几何学和测量知识，发动机里藏着与比率有关的知识……

你知道吗？

数学的西文中词来自希腊语 máthēma，意思是"通过学习可获得的知识"。数学有很多分支，但粗略划分的话，可以分为基础数学和应用数学，即理论和应用。我们日常生活中的许多东西都是理论与应用相结合的产物。

数的类型

这个世界离开了数会变成什么样？你还会知道自己的年龄或生日吗？如果不知道面粉、水等食材的用量，你还能烘焙出美味的面包吗？如果不知道东西的价值，你怎么购物消费？如果没有电话号码和门牌号，你如何与人保持联系？想想就知道，我们的日常生活离不开数。

你知道吗？

奇数的平方是奇数，而偶数的平方永远是偶数！

正整数

大于 0 的整数，即 1，2，3，4，5，6，7，8，9，…

自然数

0 和正整数，即 0，1，2，3，4，5，6，…

整数

负整数、0 和正整数，如 -2，-1，0，1，2。整数在正、负两个方向上都可以延伸到无穷大。

质数

质数是只能被1和它本身整除的自然数。最小的 5 个质数是 2，3，5，7 和 11。在计算机科学中，质数具有重要的意义和应用。

算术须知

牢记一些基础数学知识，便于我们解决生活中遇到的问题。例如：

· 乘法口诀表；
· 平方数，即数字乘以它自己所得的结果，如 $2 \times 2 = 4$，$3 \times 3 = 9$，$4 \times 4 = 16$；
· 所有偶数都可以被 2 整除；
· 奇数除以 2 都会有余数。

$$2 \times 2 = 4$$
$$3 \times 3 = 9$$
$$4 \times 4 = 16$$

一张比萨被分成大小相等的 8 块，那么每一块都是整张比萨的八分之一，写成 $\frac{1}{8}$。

有理数

可以写成两个整数之比的数，包括整数和分数。可以写成分数的小数是有理数，例如：$0.\dot{3} = \frac{1}{3}$。

无理数

不能写成两个整数之比的数。例如，2 的平方根是 1.41421356237……它是一个无限不循环小数，无法写成两整数之比。

斯里尼瓦瑟·拉马努金
（1887—1920）

斯里尼瓦瑟·拉马努金是一位自学成才的印度数学家，他沉迷于数论（研究整数性质的数学分支）和公式。拉马努金小时候性格乖僻，甚至讨厌上学。但到了 11 岁，他的数学天赋就展露出来了。15 岁时，他在图书馆借了一本包含 5000 多条数学定理的书，并给自己设定了一个挑战——将每个定理都推导一遍。拉马努金去世时年仅 33 岁，但他留下了 3 本笔记和几张零碎纸片，详细记录了近 3900 个数学公式。科学家和学者们至今仍在使用他的公式开展研究。

数字和数值

我们可以用不同的方式或符号来表示数值。例如，拍三下手，举起三根手指，发出"sān"这个音或写下符号"3"，都能表示同样的数值。我们现在使用的阿拉伯数字是1500多年前由印度人发明，最早被阿拉伯人传向欧洲的。它由0、1、2、3、4、5、6、7、8和9这10个数码组成，采取十进制法，数码所在位置不同，代表的值也不同。

你知道吗？

英语单词"hundred"来自古老的北欧语"hundrath"，这个词的意思是120而不是100！

什么是数字？

数字是用来记数的符号。看看周围，你会发现数字无处不在。数字就像帮助我们识别事物的标签，比如门牌号能帮我们找到自己的家。

停车场编号问题

这是一道流行的数字题，要求找出左图中被汽车遮盖住的车位号。想找出答案，你要考虑的首要问题是：这些数字应该从哪个方向来看？

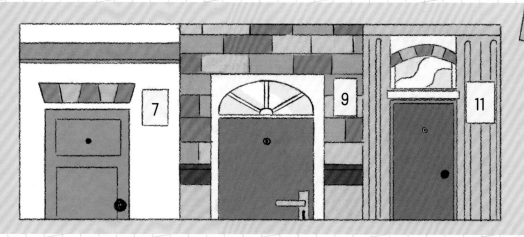

（答案：数字是倒过来的，所以被汽车遮住的车位号是 87。）

8

数字与运气

不同文化中，相同的数字可能拥有截然不同的含义，某些国家的幸运数字在另一些国家可能代表厄运。某些国家甚至会用数字占卜吉凶。

幸运:
英国、美国、法国、荷兰

7

不幸:
越南、泰国

幸运:
德国

4

不幸:
日本、中国

幸运:
意大利

13

不幸:
美国、英国、瑞典

幸运:
中国、越南、日本

8

不幸:
印度

什么是数值?

数值表示一个特定数量，它可以是数码、文字或符号。当我们读一个数时，要考虑每个数码及其位置代表的值。例如，由 2、1 和 5 组成的数 215，读作"二百一十五"。以下是数值的一些使用场景。

计时

计数和计量

比较和排序

计算

9

什么是算术?

算术的英文单词"arithmetic"来自希腊语"arithmos",意思是"数字"。算术主要研究自然数及它们的应用,我们日常生活中经常使用的加、减、乘、除四则基本运算就是算术运算。

加法是求两个或多个数字总和的运算。

2 + 1 = 3

与加法相反,**减法**是从一个数字中拿走一个或多个数字的运算。

3 − 1 = 2

2 × 2 = 4

乘法是把一组数字重复相加若干次的运算,把某个东西按比例放大时也可以用乘法。

4 ÷ 2 = 2

与乘法相反,**除法**是把事物分为相等的若干份的运算。

乘方是把一个数字重复相乘若干次的运算,其结果叫作"幂"。比如,$5 \times 5 \times 5$ 记为 5^3,读作"5的3次方",其中右上角的数字叫作"指数"。当指数为1时,通常不写出来。

算术知识

· 在加法运算中，改变数字的顺序不会改变运算结果。但在减法运算中，结果会改变！

· 大部分数学符号被创造于 16 世纪。在此之前，运算都是用文字表达的。

你知道吗？

中国古代的计算工具叫"算筹"，这些长短、粗细相同的小棒多用竹子制成，也有用木头、兽骨、象牙、金属等材料制成的。因此，使用算筹进行计算的技术被称为"算术"。

未解之谜

哥德巴赫猜想是世界上最著名的数学难题之一，它于 1742 年被提出，至今已困扰数学界 280 年之久。它可以表述为：任一大于 2 的偶数都可以表示成两个质数之和。例如，$4 = 2 + 2$，$6 = 3 + 3$，$20 = 7 + 13$。但是由于数列是无限的，迄今还没有人能够完全证明这一猜想。

运算规则

不同级运算要遵循特定的顺序，同级运算要从左到右依次计算。以下是具体顺序：

1. 括号内的计算
2. 乘方
3. 乘法和除法
4. 加法和减法

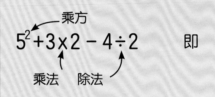

$$5^2 + 3 \times 2 - 4 \div 2$$

即

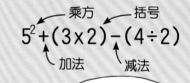

$$5^2 + (3 \times 2) - (4 \div 2)$$

穆罕默德·阿尔－花拉子米（约 780—约 850）

阿尔－花拉子米是著名的波斯数学家，被誉为"代数之父"。公元 830 年，他写了一本有关代数的书，在其中主要阐述了一元一次方程及一元二次方程的解法。书名中的"al-jabr"一词（意为"平衡"）后来演变成了代数的英文单词"algebra"。

我发现人们在计算时，几乎总是想得到一个数作为结果。

分数和小数的应用

在现实世界中，整数并不能解决所有问题。在处理数量和份额问题时，我们经常只需要与事物的一部分打交道；在测量和计算比例时，我们往往需要比整数更精确的数字。这时分数和小数就派上用场了。

分数

把一个单位分成若干份，表示其中一份或几份的数就是分数。分数通常写成下面的样子：

$$\frac{3}{5}$$ 分子 · 分母

$$2\frac{3}{5}$$ 整数 · 真分数

$$\frac{5}{3}$$

真分数

分子比分母小，值小于1。

带分数

由一个整数和一个真分数组成，整数在前，值大于1。

假分数

分子大于或等于分母，值大于或等于1。

时间

可以说，我们每天、每小时、每分、每秒都在使用分数！

1秒 = 1分钟的 $\frac{1}{60}$

1分钟 = 1小时的 $\frac{1}{60}$

1小时 = 1天的 $\frac{1}{24}$

1天 = 1周的 $\frac{1}{7}$

你知道吗?

古埃及人只使用单位分数，即分子始终是1的分数。也就是说，他们不写 $\frac{2}{3}$，而是将其写成 $\frac{1}{2} + \frac{1}{6}$。

烘焙

想象一下，如果没有分数（如 $\frac{1}{2}$ 勺盐），食谱中的原料用量全是整数，烘焙出来的东西该有多难吃啊！

呀，太咸了！

测验和考试

有些国家采用分数给学生打分，用答对的题目数量与总题目数量相比，得到的就是学生的成绩。

小数

小数是分数的另一种表现形式。我们几乎每天都会用到小数。

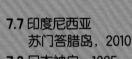

小数部分显示在小数点的右边。

小数点

整数显示在小数点的左边。

7.7 印度尼西亚
苏门答腊岛，2010

7.3 日本神户，1995
海地，2010

7.1 美国加州洛马普雷塔，1989
中国青海，2010

6.6 美国加州北岭，1994
美国夏威夷，2006

5.8 美国弗吉尼亚州，2011

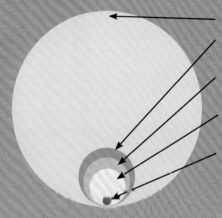

地震

震级可以看作衡量地震强度的"尺子"。科学家们测量地震波的振动幅度和释放的能量，然后将结果转换为小数，以方便我们比较不同的地震。中国一般采用里氏震级，震级每增加一级，释放的能量大约增加 31.6 倍。

货币

货币也可以用小数表示。英镑、美元是整数，写在小数点的左边，便士和美分不是整数，写在右边，如 1.72 美元。

健康

我们用来评估一个人的健康情况的指标，如体质指数（BMI）和腰臀比（WHR），都会用到小数。这些指标会综合考虑一个人的身高和体重，以及肌肉密度、体形、饮食习惯等因素。

负数的应用

负数是在数轴上位于 0 的左侧的实数。你可能觉得难以理解，怎么会有比 0 还小的数？但事实上，负数在我们日常生活中的用处非常大。根据应用场景和我们如何定义 0，负数所代表的意义也不同。

财务

在银行对账单上，负数表示从我们的账户中支出的钱（花掉的钱）或欠费（支出大于收入导致账户余额为负数）。

经济

企业营收报告上的负数意味着亏损，而经济发展曲线上的负数表示经济活动暂时的下降，即经济衰退。20 世纪 80 年代，美国经历了一次双底衰退（俗称"W 型衰退"），即经济衰退之后虽有短暂的复苏，但紧接着是另一次衰退。

你知道吗？

中国早在两千多年前就开始应用负数了，然而西方国家直到 17 世纪都不愿意使用负数，甚至认为负数很荒谬，因为他们无法理解比"无"还要少的事物。

温度

负数还可以表示温度计上低于 0 的部分。在摄氏温标里，0℃是水的凝固点。

建筑物

负数常用来表示低于地面的建筑楼层。有些建筑物甚至有多个地下楼层，可以标示为 −1、−2、−3 等。

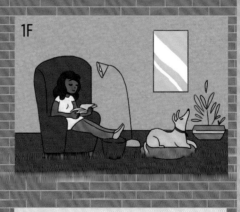

各行各业中的数学

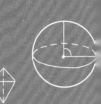

数学在我们的日常生活中随处可见，大多数人甚至没有意识到自己在使用它！无论是给家人打电话、与朋友一起购物，还是庆祝生日和做游戏，我们都会很自然地用到数码、数、四则运算、估算等。同理，世界上的所有职业都在以某种形式使用数学。

芭蕾舞者与数学

芭蕾舞者和数学有什么关系呢？通过数数，他们可以控制舞蹈节奏，以及熟悉芭蕾舞中的 7 个手位和 5 个脚位。而舞者的动作、移动路径乃至整个舞蹈的编排，都离不开对几何构图的应用。此外，舞者在单脚原地旋转时，也要考虑速度、方向和角度等问题。

牙医与数学

牙医会对我们的牙齿进行编号，以便快速记录每颗牙齿的位置。在进行根管治疗之前，牙医要对患者的根管长度进行测量。在安装牙冠之前，牙医需要测量现有牙齿的大小和形状，然后根据这些数据定制牙冠，并计算需要切割多少坏牙。

教师与数学

教师在统计学生的出勤率时要用到百分比，给学生打分时要用到加减运算，让学生分组讨论时要用到除法……此外，学校所有的教学科目中都有数学的身影，数学课和科学课自然不用说，就连英语、诗歌、音乐和艺术课上也会用到数学。

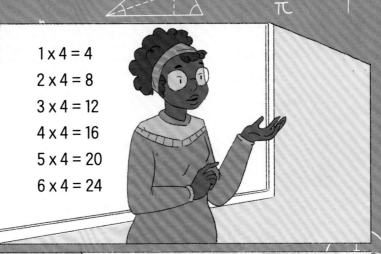

玛乔丽·李·布朗

（1914—1979）

玛乔丽·李·布朗是一位数学家和教育家，也是美国第一批获得数学博士学位的非裔女性之一。布朗坚信所有人都应学习数学，并看到了早期数学学习对提升自信心的重要性。她怀着满腔热忱教导北卡罗来纳州的教师们，极大地提高了当地的数学教学质量。布朗热爱数学，她认为数学是一门美丽、强大、雄辩的艺术，而数学家是懂得欣赏这一伟大艺术的人。

> 如果让我的人生再来一次，除了投身数学，我不会做其他任何事情。

相机中的数学

摄影看起来很简单，我们只需按下快门键，就能将眼前的景物以数字文件的形式保存在相机上。但这个看似简单的操作背后实际上藏着大量的数学知识，摄影师必须在拍摄前设置好各种参数，才能拍出令人赏心悦目的照片。这在一定程度上调动了他的计算能力。

镜头

根据拍摄对象的距离和类型，摄影师会选用不同焦距的镜头。例如，使用广角镜头拍摄风景，使用长焦镜头拍摄体育活动。

公式

摄影师在设置相机参数时遵循一个基本公式：

曝光量 = 光圈×快门速度×感光度

感光度又称"ISO"，ISO 值越大，对光越敏感。ISO 100 适用于明亮的环境，ISO 1600 适用于黑暗的环境。

光线

相机内部

摄影师的工作是控制进入相机的光线，而相机的设计使他们能够非常精准地做到这一点。

光圈控制进入相机的光量。

光圈

用于控制进入相机的光量，大小用 f 值表示。

f/2.8=1/2.8=0.35714286

f/5.6=1/5.6=0.17857143

f 值越小，光圈孔径就越大，进入相机的光量就越大。

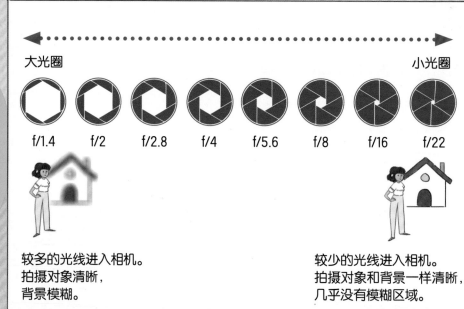

大光圈　　　　　　　　　　　　　　　　　　　　小光圈

f/1.4　　f/2　　f/2.8　　f/4　　f/5.6　　f/8　　f/16　　f/22

较多的光线进入相机。拍摄对象清晰，背景模糊。

较少的光线进入相机。拍摄对象和背景一样清晰，几乎没有模糊区域。

焦距指从镜头的光学中心到相机传感器的距离。它决定了在保持清晰度的前提下，相机的拍摄视野有多大。

感光元件
记录下图像。

快门的开启和关闭非常快。它能控制进光量，从而保护感光元件，防止照片过曝。

光线穿过一组**透镜**，汇聚到感光元件上。

摄影师可以通过靠近或远离拍摄对象来改变成像。

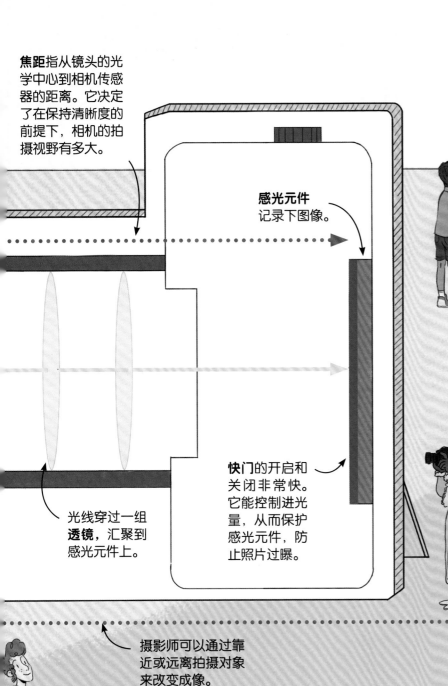

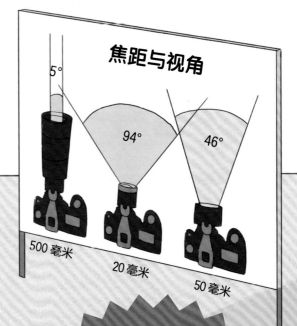

焦距与视角

5°
94°
46°

500 毫米
20 毫米
50 毫米

你知道吗？

数码照片本质上是一串很长的数字。感光元件将进入相机的光线转换为无数个像素，然后评估每个像素的颜色和亮度，最后以数字的形式将它们保存下来。

快门速度

快门开合的时间以秒为单位，通常用分数表示。手持相机拍摄时，若要避免因手抖而影响画面，建议设置比 1/60 秒速度高的快门。当使用比 1/30 秒速度低的快门拍摄时，最好使用三脚架。

快门速度

| 1 | 1/2 | 1/4 | 1/8 | 1/15 | 1/30 | 1/60 | 1/125 | 1/250 | 1/500 | 1/1000 |

慢速快门　　　　　　　　　　　　　　　　　　　　高速快门

进光量

较多光量　　　　　　　　　　　　　　　　　　　　较少光量

房屋中的数学

你有没有想过，我们住的房屋里包含了多少数学知识？在设计阶段，建筑师绘图和测绘师测量的过程都要用到数学知识。在预算阶段，建筑承包商需要计算材料用量和人力成本。在建造阶段，泥瓦匠、电工等需要测量房间尺寸。可以说，建筑之美与数学密不可分。

施工经理负责统筹各施工阶段。为了合理地采购材料和控制预算，他们会用分数和小数使计算更精确。

建筑工人按照施工图纸工作。他们自己要进行更精确的计算和测量，因此经常使用小数。

你知道吗？

2016 年，法国里昂的 Kapla 团队使用 9834 块积木，耗时 16 个小时，搭建了一座高达 18.4 米的积木塔，创造了吉尼斯世界纪录。

电工使用分数和小数计算房间尺寸和布线长度。他们需要计算电力负荷，从而决定用什么规格的保险丝。
电工使用欧姆定律来确定电路中的电压，公式如下：

电压 = 电流 × 电阻

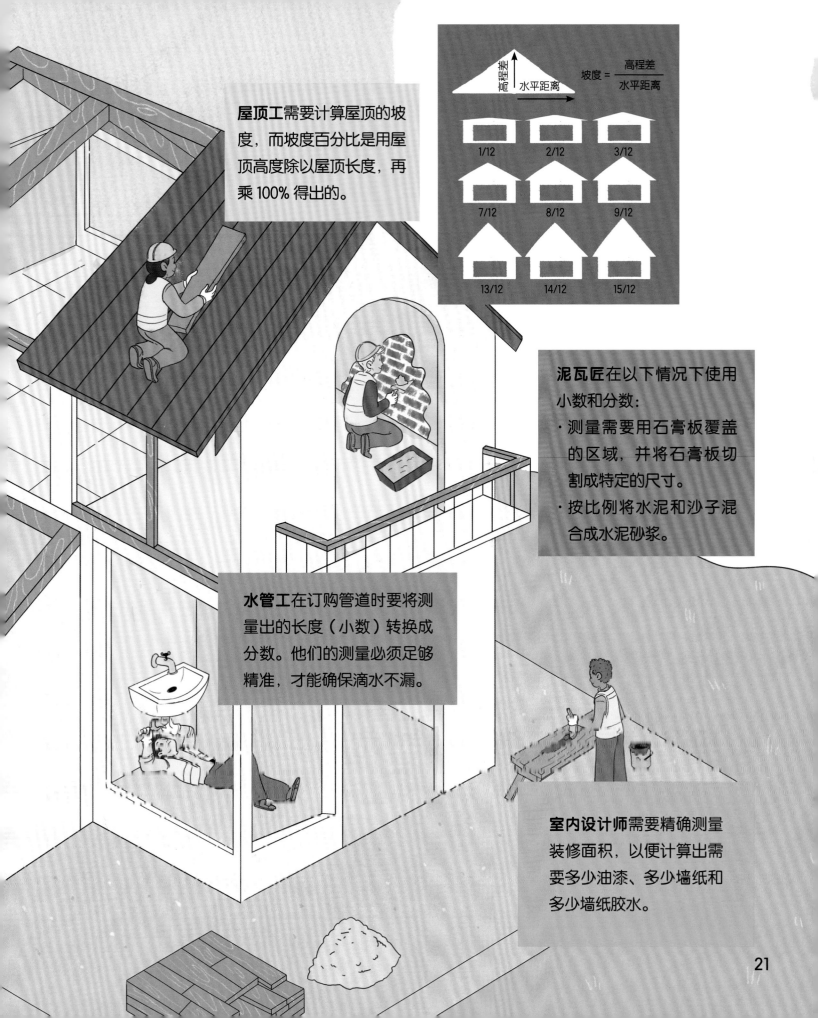

屋顶工需要计算屋顶的坡度，而坡度百分比是用屋顶高度除以屋顶长度，再乘 100% 得出的。

坡度 = 高程差 / 水平距离

高程差
水平距离

1/12 2/12 3/12
7/12 8/12 9/12
13/12 14/12 15/12

泥瓦匠在以下情况下使用小数和分数：
· 测量需要用石膏板覆盖的区域，并将石膏板切割成特定的尺寸。
· 按比例将水泥和沙子混合成水泥砂浆。

水管工在订购管道时要将测量出的长度（小数）转换成分数。他们的测量必须足够精准，才能确保滴水不漏。

室内设计师需要精确测量装修面积，以便计算出需要多少油漆、多少墙纸和多少墙纸胶水。

服装中的数学

时尚界通常被认为是最有创意、最天马行空、最无拘无束的行业之一。在这里，艺术家们自由地发挥他们的想象力，形形色色的人们穿着最新潮的服装，意气风发地走来走去，哪里有数学的影子？然而，作为商业、科学、艺术和技术的结合体，时尚界真的一刻都离不开数学。

你知道吗？

拿破仑讨厌看到士兵用袖子擦鼻涕，于是命人在他们的军装衣袖上增加了纽扣。这样一来，士兵如果再用袖子擦鼻涕，就会被纽扣划伤。

画设计图

服装设计师的作品中充满了几何图形和黄金分割。他们还必须了解人体比例，知道如何把二维设计图转化为三维效果图。

制作纸样

在将设计图变成成品衣服之前，设计师要先制作纸样，这需要用到测量和计算能力，以及与比例相关的知识。

选择面料

设计师必须熟悉各种面料，懂得如何充分利用不同面料的特点。新的设计需要的面料是温暖的还是凉爽的、轻薄的还是厚实的、硬挺的还是松软的？

制作和成本估算

在这一步，测量和计算必不可少。

· 将测量值从厘米转换为米，这需要用到小数。

· 了解面料的幅宽，根据幅宽算出所需面料的长度。

· 计算出需要多少面料，并留出误差空间。

· 根据面料用量计算面料成本。

定价与盈利

设计只有符合成本效益原则，才能实现盈利。为此，营销人员需要研究如何降低设计成本，如何为商品定价，从而使利润最大化。这一步需要用到算术和百分数知识。

自然中的最美数列

按照一定顺序排成的一列数叫作"数列",而斐波那契数列无疑是能够揭示数字关系的最迷人的数列之一。只要我们仔细观察,就能发现它存在于自然界的万物之中。

斐波那契数列

指数列 1, 1, 2, 3, 5, 8, 13, 21, 34, …从第三项起每一项都等于它的前两项之和。它首次出现在意大利数学家斐波那契的《计算之书》(1202 年出版)中。这个公式最初是为探讨兔子的繁殖问题引入的:假设每一对兔子出生两个月后开始繁殖,每个月生出一对小兔子,并且兔子不会死亡,那么从第一对兔子开始,半年后有多少对兔子?

一对年轻黑兔子

十二月

黑兔子发育成熟,可以产崽。

一月

黑兔子生了一对蓝色小兔。

黑兔子生了一对红色小兔。

黑兔子生了一对棕色小兔。

二月

三月

红兔子生了一对绿色小兔。

四月

五月

蓝兔子生了一对灰色小兔。

黑兔子生了一对粉色小兔。

红兔子生了一对橙色小兔。

你知道吗?

黄金分割实际上并不是一个分数,而是一个无理数。

黄金分割

如果你用斐波那契数列中的一项除以它的后一项,随着项数的增加,相邻两项的比值会越来越接近一个数——0.618。从古希腊时期起,人们普遍认为比例接近这一数值的事物更具有美感,因此将其定为黄金分割的近似值。

$$\frac{2}{3} \approx 0.667, \quad \frac{3}{5} = 0.6, \quad \frac{5}{8} = 0.625$$

蜜蜂的家谱

如果说兔子的繁殖例子有些不切实际，那么我们可以举蜜蜂的例子。蜂群中只有一种特殊的雌蜂能够产卵，那就是蜂王。非受精卵会长成雄蜂，而受精卵会长成雌蜂。当我们追踪一只雄蜂的祖先时（右图从上到下），可以看到它的每代祖先的数量符合斐波那契数列。

代

蜜蜂数量

1　　1

2　　1

3　　2

4　　3

5　　5

6　　8

雄蜂 =　　蜂王 =

向日葵

黄金螺线

以斐波那契数列中的数字为半径，连续绘制圆弧就可以得到黄金螺线。黄金螺线存在于自然界的很多事物中，如蜗牛壳、鹦鹉螺、向日葵、多肉植物等。

多叶芦荟

鹦鹉螺

25

做预算

出行前需要估算好自己需要多少钱，除了购物的费用，你还要将交通费、午餐费等考虑在内，看看自己是否有足够的钱购买所有想要的东西。

用数学购物

设想一下，你计划和朋友们外出购物，然后一起吃午餐。很难想象数学会在其中起到什么作用，对吧？但它确实发挥了作用！从做预算到制定日程、购物，再到分摊午餐账单，每一步都用到了数学。

制定日程

制定日程并不像想象的那么容易。

你需要考虑：

· 在什么时间、什么地点与朋友们见面？
· 坐地铁还是公共汽车去，又或者步行？
· 路上需要花多长时间？
· 你计划在外面待多久，花多长时间购物？

为了方便规划，我们以小时为单位进行估算，并留出一些富余。例如，将 25 分钟的公共汽车旅程估算成半个小时。

你知道吗?

将商品价格最左边的数字减1，并采用99作为价格尾数的定价方法被称为"魅力定价"。例如，定价9.99元的商品在消费者看来比定价10元的商品便宜很多，尽管它们只相差1分钱。

分摊账单

除非你有一个非常慷慨的朋友，否则你们就需要分摊午餐账单。想算得准确一点的话，往往会用到分数和小数。

购物

和朋友们结伴购物是一件非常有趣的事情，但也很容易让人忘乎所以，过度消费。因此，你最好按照预算购物，并记录下每一笔消费。如果你选择心算，那么可以用四舍五入的方法使计算更简单。

分享午餐

如果你们购物的开销超出了预算，最后剩下的钱只够买一张比萨，该怎么办呢？当然是把比萨等分成几份，公平分配啦！

用数学开派对

什么？开一个生日派对竟然也需要做数学运算？！派对前需要挑选日期、拟定宾客名单、采购食品，派对当天需要布置座位、组织游戏……你会发现，所有这些都用到了数学。

派对日期：挑选日期意味着查看你的日程表，然后计算出需要提前多久准备，以及派对持续多长时间。安排好这一切需要进行估算。

宾客名单：你的派对场地能容纳多少人？名单上现在有多少人？是否需要去掉几个名字？需要多少张请柬？你希望在什么时候收到回复？这些都离不开计数和计算。

派对美食：一旦确定了宾客人数，你就可以用乘法计算出需要多少食品了。你需要做多少个奶酪三明治，才够每个客人吃两个？需要准备多少香肠卷、薯片和水果串？最后是蛋糕，需要订多大的蛋糕才能让每个人都够吃？

派对舞蹈：即使是在跳舞时，你也在用数学。哪怕你跳得非常糟糕，你也会下意识地数出节拍，并随着节拍舞动。

派对游戏：玩传包裹游戏时，如何确保有足够的包装层数？这可能要用到除法。参与的人数越多，这个游戏就会越好玩！

你知道吗？

人类从1世纪起就开始庆祝生日了，但是"party"（派对）这个词直到1852年才开始用来表示娱乐性的聚会。

座位布置：你需要多少桌子和椅了？每张桌了安排多少位宾客？这个问题需要用除法解决。

注："传包裹"是英国传统的派对游戏，类似中国的击鼓传花。先将礼物用纸张或布层层包裹起来，然后让参加游戏的人围坐在一起，一人控制音乐的响起和停止，其他人依次传递包裹。音乐每停一次，得到包裹的人便打开一层，打开最后一层的人可以拥有这份礼物。

什么是几何学？

几何学是研究事物的大小、形状、角度和维数的数学分支。它重点研究点、线和面的属性，以及它们之间的关系。正方形、圆形和三角形是二维形状，即平面形状；立方体、球体和金字塔是三维形状，即立体形状。所有这些形状都广泛存在于我们周围的世界中。

形状的类型和空间维度

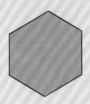

多边形是一种二维形状，它由至少三条线段首尾顺次连接而成。

多面体是一种三维形状，它由至少四个多边形围成。

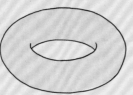

三维形状也可以由曲线或曲面构成，比如这个中空的环。

你知道吗？

最难画的二维形状是圆形。虽然我们的大脑喜欢圆形的对称性，但我们的手就是画不出完美的圆！

马里亚姆·米尔扎哈尼（1977—2017）

马里亚姆·米尔扎哈尼出生在伊朗德黑兰，她从小就酷爱读书，梦想长大后成为一名作家。

为了找到 1~100 的所有整数的和，可以将数字分成两组：1~50 和 51~100。

| 1 | 2 | 3 | 4 | 5 | …… | 49 | 50 |
| 100 | 99 | 98 | 97 | 96 | …… | 52 | 51 |

每一对的和都是 101，共有 50 对。

所以，总和是 50 × 101=5050。

米尔扎哈尼的哥哥给她讲了高斯巧解数学题的故事，她被绝妙的解题方案吸引，从此对数学产生了兴趣。

1994 年，米尔扎哈尼和她的朋友代表伊朗参加国际数学奥林匹克竞赛，最终获得金牌。

在伊朗谢里夫理工大学获得数学学士学位后，米尔扎哈尼去美国哈佛大学深造，从事有关双曲面的研究。

真是太复杂了！

毕业后，米尔扎哈尼先后在普林斯顿大学和斯坦福大学任教。她善于运用数学理论，喜欢挑战未解的难题。

她要先有一个大的概念，然后研究其中的模式。

数学只会向那些有耐心的追求者展现它的美。

2014 年，米尔扎哈尼成为第一位被授予菲尔兹奖（数学界的最高荣誉）的女性和伊朗人，该奖表彰她在曲面对称性的研究中做出的杰出贡献。

圆的故事

在日常生活中，我们到处能看到圆形物体，如汽车、自行车、盘子、眼镜、硬币、珠宝和钟表。为了确定一个圆形物体的尺寸，包括周长、面积等，无理数圆周率 π 出现了。近四千年来，人们一直执着于找出圆周率的准确数值。古巴比伦人记载的圆周率为 3.125，而古埃及人的记载则是 3.1605。然后，古希腊数学家阿基米德出现了，他首次利用理论而不是测量将圆周率的值精确到了小数点后两位，比之前的任何记载都更准确。现在，我们知道圆周率 π =3.14159265······

公式

圆周长 = $2\pi r$　半径

圆面积 = πr^2

球体面积 = $4\pi r^2$

球体体积 = $\frac{4}{3}\pi r^3$

圆柱体体积 = $\pi r^2 h$　高

阿基米德
（约前 287—前 212）

阿基米德集天文学家、工程师、发明家、数学家和物理学家于一身，是他那个时代最伟大的科学家之一。与其他古希腊数学家一样，他对事物的运作原理很感兴趣。他发现了多边形的周长与圆周率的关系，通过在圆的内部和外部分别画出正多边形来计算圆周率。从正六边形到正十二边形，阿基米德不断将边数翻倍，直到正九十六边形！他算出的圆周率介于 3.1408 和 3.1428 之间，精确到了小数点后两位。

体育

圆和球体在整个体育界都得到了充分的应用。足球场中间的圆圈叫"中圈"，其圆心是发球点。冰球场上有 5 个圆圈，蓝色的叫"中圈"，红色的叫"争球圈"。铅球运动员必须在圆形投掷区内活动。此外，几乎所有球都具备球体形状！

网球颜色鲜艳，弹性强。

足球是空心球体，表面通常覆盖着五边形和六边形图案。

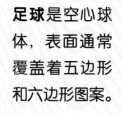

冰上曲棍球使用的冰球是一个有两个圆面的圆柱体。

铅球由金属铁和铅制成，体积很小，但非常重。

篮球筐是圆形的，球可以从中间穿过。

大大小小的球

下面是最常见的一些球的直径。

乒乓球
4 厘米

高尔夫球
约 4.3 厘米

网球
约 6.7 厘米

棒球
约 7.2 厘米

铅球
约 12 厘米

足球
约 22 厘米

篮球
约 24.6 厘米

你知道吗？

今天最常见的足球是由 32 块表皮缝合而成的，包括 20 块白色的正六边形和 12 块黑色的正五边形，但也有例外。比如，2010 年的南非世界杯使用的足球仅由 8 块表皮组成，这使它比之前各届世界杯的比赛用球都更圆。

自然界中的形状

拉丁语的几何 "geometria" 来自希腊语，其中 "geo" 意为土地，"metria" 意为测量，合在一起即土地的测量。几何存在于自然界许多美丽的事物中，大自然正因其无所不在的天然图案和形状而令人赏心悦目。

轴对称是指一个图形沿一条中心线折叠后，折痕两侧的部分能完全重合。

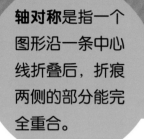

对称性

如果一个物体在经过平移、折叠、旋转或缩放后，仍然保持形状不变，那么这种物体具有对称性。具有对称性的物体往往看起来比例更好、外观更美丽。

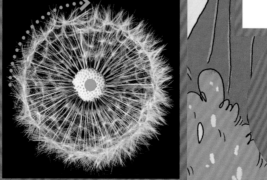

旋转对称是指一个图形绕着一个中心点旋转一定角度后，仍然能与原来的图形重合。

你知道吗?

蜘蛛网既是轴对称图形,又是旋转对称图形。然而,蛛网的对称程度取决于蜘蛛的发育情况,年轻蜘蛛织的网往往更加对称。

规则形状

从石头掉在池塘里形成的同心圆涟漪到食盐完美的立方体晶体,还有六边形的蜂巢,大自然中充满了二维和三维形状。

分形图形

当一个形状可以分成数个部分,且每一部分都类似整体缩小后的形状时,我们称这种形态特征为"分形"。分形在自然界中随处可见,例如,河流的网状分布、树杈的结构和闪电的分叉等。

桥梁中的形状

　　工程师和建筑师们创造了许多令人惊叹的事物，桥梁就是其中之一。它们克服了陆地和海洋的障碍，连接着不同的地理空间和人类社会。随着工程技术的进步和我们对几何形状的深入了解，桥梁的设计也在不断改进。

斜拉桥的斜拉索是**直线**，它们把桥面受到的压力通过缆索传递到桥基上。

你知道吗？

目前仍在使用的最古老的桥梁之一位于土耳其伊兹密尔的梅莱斯河上，名叫"卡雷凡桥"。这座板石单拱桥的修建可以追溯到公元前 850 年。

形状和线条

桥梁的形状、大小和风格各不相同，但出于对稳固性的要求，有一些形状、线条和曲面会反复出现在桥梁的设计中。

桥的主梁是水平**直线**，是从 A 地到 B 地的最短距离。

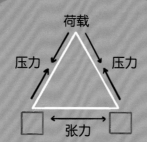

荷载

压力　　　压力

张力

三角形是一种稳固的形状，因而常被用于建桥。当荷载的重量压在三角形上时，造成的压力被分散到三角形的两边。然后，这种压力被第三条边的张力或拉力抵消。

准线

抛物线　焦点

距离相等

抛物线是一条优雅的曲线，它不仅看起来很美，而且能确保桥梁的稳定性。抛物线上的任意一点到焦点和到准线的距离都相等。

毕达哥拉斯
（约前570—约前490）

　　毕达哥拉斯是古希腊数学家、哲学家，他的真实作品并没有保存下来，但他的学说和贡献却对后世产生了深远的影响。毕达哥拉斯十分重视数学，他试图用数解释一切，认为数是宇宙万物的本源。

　　人们将许多数学发现都归功于他，如黄金分割和勾股定理（又称"毕达哥拉斯定理"，指直角三角形的两条直角边的平方和等于斜边的平方）。据说，毕达哥拉斯也是第一个提出地球是球体的人。

旅行与几何

人类是天生的旅行家。我们征服了陆地、海洋和天空，在世界的很多角落都留下了足迹。特别是有了全球定位系统（GPS）之后，旅行变得比从前容易多了。不管我们身处何地，GPS 都能帮助我们确定自己的位置，为我们指引方向。可是你有没有想过，这项技术中包含了多少数学知识？

海上迷航

设想一下，如果你迷失在茫茫大海上，既看不到陆地，手头也没有 GPS 导航，你怎么能知道自己在哪里？

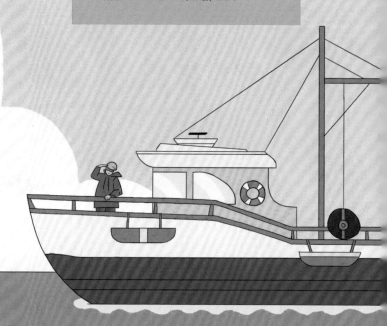

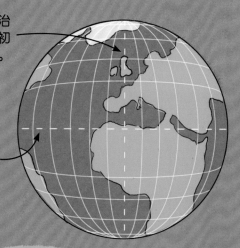

经过伦敦格林尼治天文台旧址的本初子午线是 0° 经线。

赤道是 0° 纬线。

纬度和经度

我们假设地球表面可以用纵横交错的线分割。地球表面与赤道平行的圆称为"纬线"，纬度能告诉我们在南北方向上的位置。地球表面连接两极的垂直于赤道的弧线称为"经线"，经度能帮我们确定在东西方向上的位置。

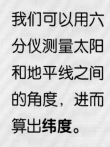

我们可以用六分仪测量太阳和地平线之间的角度，进而算出**纬度**。

经度相差 15 度，时间就相差 1 小时。因此，我们可以根据已知地的经度和两地的时间差计算出所求地方的**经度**。

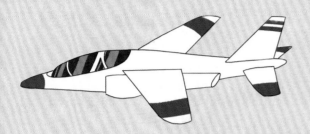

飞行与几何

飞行员在什么情况下会用到几何学？

· 导航：规划航线、保持航向和避开
　危险等。
· 起飞：确保上升的角度不会太陡。
· 降落：利用速度、高度和与目的地
　的距离来评估下降的角度，确保平
　稳落地。

你知道吗？

目前，世界上有四大卫星导航系
统，除了美国的 GPS，还有俄罗
斯的格洛纳斯（GLONASS）、欧
盟的伽利略（GALILEO）和中国
的北斗（BDS）。其中 GPS 发展最
早，已经应用到了我们的手机、
汽车甚至鞋子中！

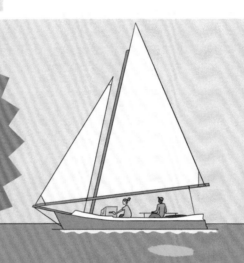

什么是角？

角是从一点出发的两条射线
所形成的平面图形。角度可
以用来描述某物转弯或旋转
的程度。

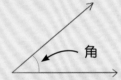

角

GPS 如何定位？

GPS 使用三维坐标——经度、纬度、
高度进行定位。接收机从至少 4 颗
不同的卫星接收信号，计算出自己与
每颗卫星的距离，然后根据这些信
息推算出自己的确切位置。

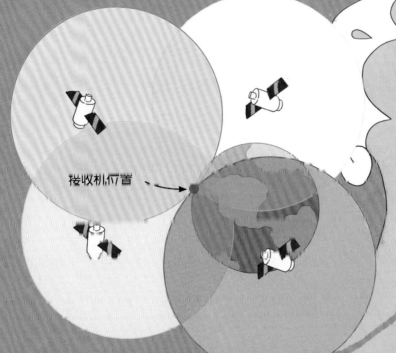

接收机位置

数学与互联网

你不觉得互联网是个很棒的发明吗？不管你搜索什么，都会出现大量相关内容。你可以用互联网给世界另一端的朋友发信息、发邮件、打视频电话。这一切看起来和数学没什么关系，然而事实上，计算机和互联网完全是数学智慧的产物。

计算机

计算机是我们用来存储和处理数据的电子设备。它们的物理装置，如中央处理器、鼠标、键盘和显示器，统称为"硬件"；告诉计算机做什么和如何做的编程代码则统称为"软件"。

互联网是基于一套复杂的规则建立的世界性计算机网络，它能将数据从一个地方传输到另一个地方。

中央处理器（CPU）相当于计算机的大脑，它由数十亿个晶体管组成。晶体管类似开关，其状态用二进制代码表示。

二进制代码

我们日常使用的十进制数字系统是一个基数为 10 的系统，满十进一。二进制是一个基数为 2 的数字系统，逢二进一。二进制代码中的 0 表示晶体管关闭，1 表示打开。

十进制	二进制
0	0
1	1
2	10
3	11
4	100
5	101
6	110
7	111
8	1000
9	1001
10	1010
11	1011

算法

算法告诉计算机如何执行一项任务或解决一个问题。它们就像一个说明书，有一个必须严格按顺序执行的任务清单。计算机接收数据后，就会一步步执行算法的决策步骤，直到将数据转化为输出。这就是我们使用的大部分软件（如面部识别软件）的工作方式。

1. 输入：扫描面部

2. 计算：匹配吗？

是
3. 输出：允许访问

否
3. 输出：拒绝访问

软件、音乐和图片等都是以二进制代码形式储存在计算机中的。我们会用不同的**文件格式**识别它们，如 exe、wav、jpeg 等。

电脑 VS 人脑

计算机虽然很擅长进行精确和快速的数据处理，但仍然不如人脑强大。我们的大脑每秒可以进行约 3.8 亿亿次的运算！

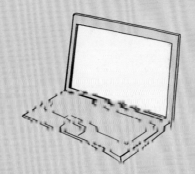

计算机

· 平均存储量：1TB（太字节）
· 运行功率：100 万
· 无差别对待所有信息

人脑

· 存储容量：至少 1000TB
· 运行功率：约 20 瓦，更节能！
· 能够根据优先级对信息进行区别处理

计算器读心术

你想不想体验一把当魔术师的感觉？那就准备一个计算器，再邀请几个朋友当观众，用"读心术"让他们大吃一惊吧！

动动手吧！

你需要用到：
· 一个计算器
· 至少一名观众
· 一顶魔术师的帽子，以达到完美的效果！

实验步骤：

1. 请一名观众默想一个三位数，然后在计算器上重复输入两次，例如234234。将计算器朝向观众，你自己不要看哦。

2. 请你的观众将注意力集中在计算器的显示屏上，并表现出你正在使用读心术的样子。

3. 告诉观众这个数字可以被11整除，并请他亲自验证一下。

4. 当他惊呼你猜对了的时候，你要表现得很冷静，然后告诉他你还没说完，以保持悬念。

5. 告诉观众，除以11得到的结果能继续被13整除，并请他验证。

6. 当他惊呼你又对了的时候，你仍然要表现得很冷静，并再一次告诉他你还没表演完。

7. 请观众用做了两次除法之后的结果再除以他默想的三位数，即234。

8. 现在，真正展示你魔术师魅力的时刻到了。直视观众的眼睛，然后自豪地告诉他最后的答案是7。

绘制黄金螺线

动动手吧!

你需要用到:
- 一张方格纸或白纸
- 一支铅笔
- 一把尺子
- 一把圆规

当一条曲线从边长分别为斐波那契数列中各项的正方形中穿过时,就会形成一条漂亮的螺线。这个实验用简单的几何学原理来告诉你,如何绘制一条黄金螺线。

画正方形

1. 画两个边长为1厘米的正方形,一个在另一个的上面,两个正方形共用一条边。

2. 在两个正方形的左边画一个边长为2厘米的正方形。

3. 在所有正方形的下面画一个边长为3厘米的正方形。

4. 在所有正方形的右边画一个边长为5厘米的正方形。

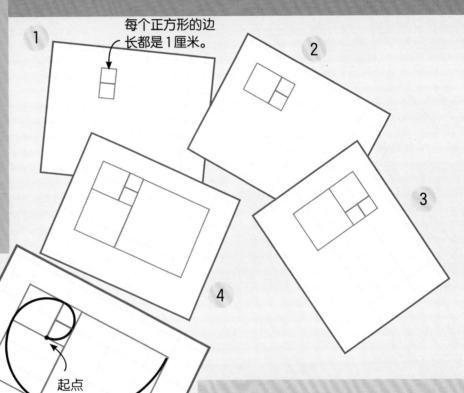

每个正方形的边长都是1厘米。

起点

画出螺线

- 找到边长为1厘米的、位于下方的小正方形,将其左下角定为螺线起点。

- 以同一个小正方形的左上角为圆心,用圆规从它的左下角往右上角画弧。

- 圆心不变,在第二个小正方形中,用圆规从右下角往左上角画弧。

- 在第三个正方形中,继续用同样的方法画弧,直到每个正方形中都有一条弧线。画的过程中注意圆心的变化。

现在,你的黄金螺线就完成了!

发挥创意

给你的螺线涂上颜色试试吧!或者多画几笔把它变成一些东西,比如再加一条螺线,把它变成一个贝壳。

43

玩转圆周率

2021 年，瑞士的研究者利用超级计算机将圆周率精确到了小数点后 62.8 万亿位，尽管科学家们通过小数点后 39 位就能计算宇宙的体积了！下面两个实验将帮助你认识 π。

周长和直径

1. 把绳子绕餐盘一周，然后剪掉多余的部分，绳子的长度就是盘子的周长。

2. 将上一步的"周长绳"的一端压在盘子的边缘，把另一端经过盘子的中心拉直，剪掉超出盘子的部分，剩下的就是盘子的直径。

3. 用剩下的"周长绳"重复上一步，直到"周长绳"几乎用完。你会发现，"周长绳"被剪成了三条多一点的"直径绳"。这就是 π 的数值！

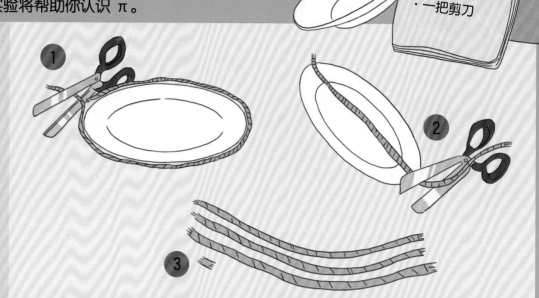

π 城

这座城市是根据 π 的值绘制的。

1. 在纸的底部画一条直线，用来代表地面。

2. 从直线左边开始，依次画出代表圆周率每个数字的柱子。每个柱子的宽度为 1 厘米，高度为 π 的各位数字对应的厘米数。如第一个数字是 3，就画一个 3 厘米 ×1 厘米的长方形；第二个数字是 1，就画一个边长 1 厘米的正方形；接着是 4 厘米、1 厘米……一直到纸的边缘。

3. 给你的 π 城上色吧！然后你可以画出天空、窗户，甚至在下面的街道上画上汽车和行人。

$$\pi = 3.14159265350089979323846$$

乐高中的勾股定理

你需要用到：
· 三种不同颜色的乐高积木

动动手吧！

勾股定理指出，直角三角形两条直角边的平方和等于斜边的平方。我们可以通过下面的实验来证明它。

实验步骤：

首先，选择一组符合勾股定理的数字。3、4、5 或者 6、8、10 都可以。

1. 用乐高积木拼出一个直角三角形。每条边用不同颜色的积木，并使其长度与你上面选择的数字一一对应。

2. 分别用上面三个颜色的乐高积木拼成三个正方形，使每个正方形的边长与直角三角形对应颜色的边长相等。两个小正方形的面积之和看起来和大正方形的面积一样吗？很难判断吧？所以接下来我们证明一下。

这条边有 8 个单位长。

这条边有 6 个单位长。

这条边有 10 个单位长。它是最长的一边，也就是斜边，与三角形的直角相对。

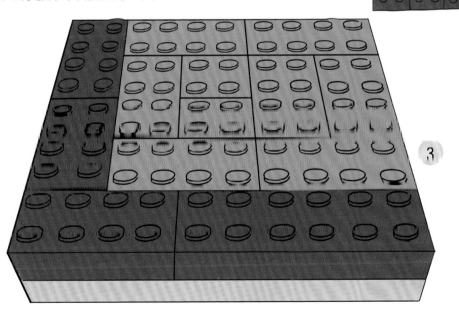

3. 把两个小正方形的积木移到大正方形的上面。你应该会发现，大正方形能够被完全覆盖，并且小正方形中的积木没有剩余。两条直角边的平方和等于斜边的平方，勾股定理被证明了！

术语表

演绎推理

从一般原理出发，运用逻辑规则得出关于特定事物的结论。

因数

两个非零整数 a 和 b 相乘得到 c，那么 a 和 b 就叫作 c 的因数。

预算

事先计算你将在某件事上花多少钱，或者某件事能让你赚多少钱。

定理

已经被证明的数学命题或公式。

体质指数（BMI）

衡量人体肥胖程度的一个指标，即体重（千克）与身高（米）的平方之比。

银行对账单

由银行提供给用户（个人或企业）的一份记录账户交易和余额情况的文档。

经济衰退

西方经济学家对经济危机的另一种说法，用于泛指经济活动全面下降、失业率上升的现象。

曝光量

指照射到相机感光元件上的光子数量，由光圈和快门共同控制。

感谢如下素材的授权使用

上 =t，下 =b，中心 =c，左 =l，右 =r

15 theasis/iStock Images; 33b Mochipet/Shutterstock; 25l UrsaHoogle/iStock Images, 25c Sabine Hortebusch/iStock Images, 25r mtreasure/iStock Images; 34tl Michael Burrell, 34tc malerapaso/iStock Images, 34tr vidok/iStock Images, 34bl Savany/iStock Images, 34bc assaive/iStock Images, 34br Alexander Bashkirov/iStock Images; 35tl sufiyan huseen/iStock Images, 35tr florintt/iStock Images, 35c Jennifer_Sharp/iStock Images, 35l hraun/iStock Images, 35bc SeanXu/iStock Images, 35br jerbarber/iStock Image; car park puzzle on page 8 reproduced with kind permission from David J. Bodycombe.

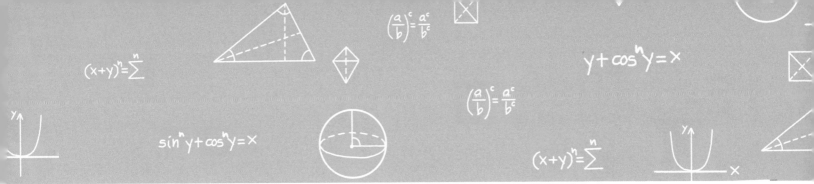

像素

构成数字图像的最小单元，也可以看成一个个点或小方格。

幅宽

指面料或织物横向的有效宽度，常用英寸或厘米表示。在采购布料时，幅宽是一个十分重要的因素。如果幅宽够宽，那么布料就能适应沙发、床垫等大型家具。通常来说，较宽幅宽的布料会更昂贵。

利润

个人或公司在出售商品或服务后赚到的超出成本的余额。

百分数

以百分之几表示。例如，25% 意味着每 100 份中有 25 份。它也可以写成 $\frac{1}{4}$ 或 0.25。如果你在满分为 20 分的考试中得到 5 分，成绩也可以用 25% 表示。

黄金分割

将线段一分为二，如果较长部分与整体的比值等于较短部分与较长部分的比值，那么这种分割就叫"黄金分割"，其比值约为 0.618。自古希腊以来，人们普遍认为这种比例在造型艺术中更具有美学价值。

圆周率

圆的周长与直径的比值，一般用希腊字母 π 表示，约等于 3.141592654。

六分仪

用于观测天体高度和两个目标之间夹角的手持仪器，因其分度弧的长度约为圆周长的六分之一而得名，广泛应用于航海和航空领域中。

算法

在数学和计算机科学中，为了解决特定问题，按设定的步骤进行计算、数据处理和逻辑推理的操作流程。

作者和绘者

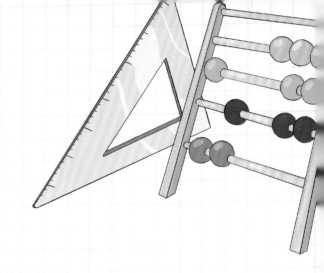

露·阿伯克龙比

露拥有英国杜伦大学的数学一等学士学位。她现在是一名儿童作家，热衷于通过强调数学的创造性，激发小读者们对数学的兴趣。露也是一名摄影师和游泳健将，她和家人住在英国巴斯。

莉莉娅·米切利

莉莉娅出生在意大利都灵。她从小就热爱画画，并喜欢把文字变成图像。从都灵艺术学校毕业后，莉莉娅成了一名职业插画师。她既喜欢用美丽的笔触探讨对我们的生活至关重要的话题，也喜欢动物和美食。